愛因斯坦與量子革命

Einstein et les
révolutions quantiques

阿蘭·阿斯佩
Alain Aspect

CONTENTS

兩次

Deux révolutions
quantiques

量子革命

我們常說二十世紀有兩大物理學革命：相對論和量子物理學。兩者都是從根本上挑戰了世界在我們腦中的形象以及我們認為牢不可破的觀念。量子物理學更是徹底改變了我們的生活，我們可以稱之為「量子革命」，就像我們會說蒸汽機的發明帶來十九世紀的「工業革命」。

　　因為量子物理學不僅徹底改變了我們的概念，也改變了我們生活的社會。沒有對量子世界的深刻理解，就不可能發明電腦，也不可能發明可以透過光纖快速傳輸資訊的雷射。結果是，我們所熟知的資訊與傳播社會就不會存在。無論在加州還是其他地方，沒有哪個業餘愛好者可以在自家車庫裡發明雷射和作為電腦基礎的積體電路。

事實上，如果我們多花一點心思審視二十世紀量子物理學的歷史，就會發現量子革命不是一次，而是兩次。第一次革命始於二十世紀初，始於馬克斯‧普朗克（Max Planck）和後來的阿爾伯特‧愛因斯坦（Albert Einstein）。這次革命建立在著名的波粒二象性（dualité onde-particule）之上，這個概念徹底改變了整個物理學，並且成爲許多應用的基礎。

到了一九六〇年代，人們一度認爲量子物理學的發展已近尾聲。然而奇怪的是，就在此刻，人們意識到一個概念的重要性，儘管早在一九三〇年代，愛因斯坦和埃爾溫‧薛丁格（Erwin Schrödinger）就提出了這個

概念，但是直到當時，這個概念還一直被低估，那就是糾纏（intrication），這是和波粒二象性完全不同的概念。從一九七〇年代開始，實驗技術的進步讓人們可以對個別的量子物體進行精細程度大幅提升的實驗。這些進步催生了正在我們眼前開展的第二次量子革命。這裡要談的就是這兩次量子革命。

第一次

La première révolution
quantique

第一次量子革命始於二十世紀初，當時普朗克發現，要解釋黑體輻射（受熱物體發出的電磁輻射）的性質，必須假設物質與輻射之間的能量交換不是以無限小的量在進行，而是以一包包有限大小的量在進行。這就是所謂能量交換的量子化：能量的傳遞不能少於某一特定的量。

一九〇五年，愛因斯坦又踏出了更具革命性的一步。他發現，不只是輻射和物質之間的能量交換是以基本量（quantités élémentaires）在進行（我們稱之為「量子」〔quantum〕），而且輻射本身也是由帶有能量的粒子組成（我們後來稱之為「光子」〔photon〕）。

　　這在概念上比普朗克跨出了更大的一步。愛因斯坦立刻由此推導出光電效應（輻射從物質中激發出電子的現象）的一些定律。這些定律令古典物理學家相當驚訝、震撼，以至於當時沒人相信。大約十年後，美國著名的實驗物理學家羅伯特·米利肯（Robert Millikan）進行了一系列實驗，他承認，這些實驗是要證明愛因斯坦的預測是錯的。這些精彩的實驗歷時長久而且十分艱難，他最終得出結論：愛因斯坦是對的。

　　諾貝爾委員會非常清楚愛因斯坦的假設具有革命性的意義，在一九二一年將諾貝爾物理學獎頒發給他，表彰他在光電效應的法則方面的研究，而不是因為相對論，這和我

們經常以爲的不同。

　　根據愛因斯坦的說法，輻射是由能量的基本粒子組成，卽所謂的光子。然而我們也不能忘記前人的成果，特別是十九世紀累積的知識。那些天才物理學家——英國的托馬斯・楊（Thomas Young）和法國的奧古斯丁・菲涅耳（Augustin Fresnel）——透過無可辯駁的實驗證明，光的許多特性只能以光的波動性來解釋。特別是干涉（interférences）和繞射（diffraction），這些現象只能用光的波動性來詮釋。結果愛因斯坦卻認爲光是由粒子組成的。該如何調和這兩種觀點呢？這就是著名的波粒二象性，光的部分是愛因斯坦從一九〇九年就開始提及，物質粒子的部分則是路易・德布羅

意（Louis de Broglie）在一九二〇年代發表的。粒子的二象性是以兩種不同的數學形式的方程式來呈現，但是剛開始人們很難理解這兩種架構之間的對應關係：一個是薛丁格發展的波動方程式，它駕馭了著名的波函數，描述粒子的演化；另一個是維爾納・海森堡（Werner Heisenberg）發展的矩陣力學。經過幾年的努力，先有薛丁格，繼而是保羅・狄拉克（Paul Dirac），人們才理解了這兩種數學形式的對等關係。一直要到一九三〇年代初，狄拉克提出的統一數學形式才能夠同時解釋光的波動性和粒子性，並且對稱地解釋了物質粒子（例如物質中的電子）的粒子性和波動性。

波粒

La dualité onde-partichle

二象性

儘管描述波粒二象性的數學形式邏輯完美，但這樣的詮釋還是帶來許多問題。我們無法忽視愛因斯坦和尼爾斯・玻爾（Niels Bohr）這兩大巨擘在一九二五至一九三〇年間的爭論。

　　愛因斯坦可說是量子物理學最重要的奠基者之一，因為他提出了光電效應，也因為他立刻明白其中有個重要的問題，就是要清楚說出光的波動性和粒子性。但是，當量子物理學的數學形式在一九二五年發展出來時，它所倚賴的是對世界的機率性描述，愛因斯坦對此是徹底的不滿意。說得更確切一點，就一個給定的情況來說，例如一個銀原子進入測量其磁矩的裝置時，數學形式並不能確實地預測結果，於是只能取到兩個可能的數值：數學形式只能計

算出獲得這個或那個數值的機率。

　　對愛因斯坦來說，一個基本的物理理論必須要能夠預測每一種情況的精確結果。他對海森堡的不確定性關係（relations d'incertitude）的存在也不滿意（我更喜歡稱之為色散關係〔relations de dispersion〕）。由於這種不確定性關係，有某些物理特性是我們不可能同時非常精確得知的。譬如，假使一個電子的速度是已知而且非常精確的，那麼依據量子的數學形式，這個電子的位置是不可能測得準的。愛因斯坦認為，這一切都揭示了現有量子理論的局限性，他認為一定存在某種更深刻的理論可以描述所有現象的細節。於是他想方設法去發展一些思想實

驗，也就是一些因為儀器不夠精密而無法進行但原則上是可行的實驗。這樣的實驗即使實務上無法在實驗室裡進行，還是必須遵循所有物理學的已知定律。愛因斯坦之所以去構想這些實驗，是為了證明海森堡的色散關係及其局限性所標誌的正是一個不完整的理論，應該還有一個更完整的理論有待發現。

　　愛因斯坦和玻爾如史詩般的討論——特別是在一九二七年的索爾維會議[※]——至今仍然聞名。愛因斯坦想像了最奇怪的可能情況來證

[※] 索爾維會議：比利時企業家索爾維（Ernest Solvay）於一九一一年在布魯塞爾舉辦的討論會，邀請世界著名的物理學家和化學家參與，此後每三年召開一次，是推動量子力學發展的重大助力。

波粒二象性

明量子理論的邏輯不連貫。每一次,玻爾都會找出對付的方法。他證明了,如果我們考慮了所有的物理定律,甚至也將愛因斯坦自己發現的物理定律考慮進去,特別是廣義相對論,那麼量子的描述就不會出現邏輯的缺陷。在這個階段,我們可以說玻爾算是提出了令人滿意的回應。爭論在一九三五年重新登場,因為愛因斯坦發現了量子物理的一個新特性,就是糾纏,我們稍後會談到。這一次,玻爾就沒有找到同樣令人信服的回應了。

回頭來看一九二七年的爭論,愛因斯坦的不安是有道理的,因為這種波粒二象性真的是非常奇特。我在一九八〇年代初和我的博士生菲利普・葛宏吉耶(Philippe

Grangier）進行的一項實驗可以說明這一點。當時我們是第一次可以產生單一、清楚分離的光子，並將它們逐一發送到一塊分光鏡（lame semi réfléchissante）上。

什麼是分光鏡？例如一塊玻璃，有一道陽光或一束雷射光落在上面，一部分透過去，一部分反射。「五十－五十」的分光鏡會讓百分之五十的光束通過，把剩下的百分之五十反射回去。

如果一個光子被發送到分光鏡上，而我們認真地將它視為一個粒子，它會被切成兩半嗎？不會，它是一個無法分割的基本粒子，所以它要嘛會朝一個方向前進，要嘛就往另一個方向。

我和葛宏吉耶藉由一些複雜的光子計數系統
（爲了稍後會提到的其他實驗而開發的），已
經證明情況確實如此。從既有的觀念來說，
這一點也不奇怪。

如果我們記得，光不只是由粒子組成，
光也應該被視爲一種波，令人驚訝的事就會
出現了。如果一個波落在分光鏡上，會發生
什麼事？它會被切成兩半。而我們透過實驗
證明，確實如此──我們用兩面鏡子把來自
最初那個光束的兩束光重新組合。這時我們
會觀察到干涉條紋，亦即亮帶和暗帶。當兩
個次級波重新組合時，它們的振盪可以同相
並且相加，也可以反相並且加總爲零。振盪
相加的點形成亮紋，抵消的點形成暗紋。所

以，如果光真的是一種波，就應該會觀察到干涉。在單一光子的實驗中，確實發生了這種情況。

但是如何用單一光子觀察到亮紋和暗紋？這必須重複很大量的實驗。從統計上來看，我們會發現光子總是到達明亮的區域，而非黑暗的區域。毫無疑問，在這個實驗中，單一光子的行為就跟波一樣。

在干涉實驗中，光子波在分光鏡上分成兩半，然後重新組合。可是第一個實驗指出，當光子到達分光鏡時，它會朝一個方向或另一個方向移動，但不會同時朝兩個方向移動。我們要如何調和這兩種觀點？這就是最困難的地方。

根據玻爾的說法，互補性可以克服這個困難。這是什麼意思？在這裡，他指的是這兩個實驗不可能同時進行，我們必須作選擇：如果我們在分光鏡的兩側各放一個探測器，一個在透射路徑，另一個在反射路徑，我們就會發現光子要嘛往一邊走，要嘛往另一邊走，但是因為光子被破壞，所以不再有干涉的可能性；如果我們想觀察干涉，就必須讓波分裂再重新組合，這時就不再可能證明它是朝一個方向或另一個方向走，而不是同時走兩個方向。所以，依照想要觀察的某種特性或其互補的特性，必須使用不同而且不相容的實驗設置。

玻爾在認識論的層面更進一步，他說

測量的裝置本身在某種程度上決定了我們觀察的物體的特性。如果裝置能夠揭示粒子特徵，光子的行爲就會像粒子。如果使用的裝置是干涉儀（所以可以揭示波的行爲），那麼光子的行爲就會像波。然而這樣的觀點如此陳述，實在太過簡化了，就像幾年前過世的傑出物理學家約翰‧阿奇博爾德‧惠勒（John Archibald Wheeler）告訴我們的那樣。惠勒很認眞地看待玻爾的見解——測量的裝置決定了一個物體的性質。於是他做出如下的推論：光子在到達分光鏡的瞬間「注意到」這個裝置的目的是要確定它要往哪個方向移動，於是它表現得像個粒子。但是，如果是第二種裝置，光子會「注意到」，這次是會將它視爲波的干涉儀，這時它就會表現得像個波。這是一種形象化的說法，說

明了裝置決定最終觀察到的特性。

　　惠勒的絕妙想法如下：當光子到達第一個分光鏡時，我們完全不需要在這兩種實驗設置之間作選擇。如果實驗設置的尺度夠大，光子到達分光鏡時（光子必須「選擇」走一個方向或另一個方向，或是切成兩半同時走兩個方向），可以還不要做出決定。這就是「惠勒延遲選擇實驗」。

　　這個實驗於二○○七年在光學研究所進行，由尚-弗杭索瓦‧侯柯（Jean-François Roch）的研究團隊和他在卡尚高等師範學院（今日的巴黎薩克雷高等師範學院）的學生們一起進行。這是我和葛宏吉耶向他們提議的，

因為早在一九八六年，我們就已經了解這個實驗的用處，儘管當時的技術還無法將這實驗付諸實現。在二○○七年的實驗裡，干涉儀的長度大約是五十公尺，這給了光子一點時間穿過第一個分光鏡，在大約十億分之二十秒後作出偵測波動性或粒子性的選擇。實驗證明，我們清楚觀察到與最終到位的配置相對應的特徵，而在光子穿過第一個分光鏡的那一瞬間，分光鏡還沒有被選擇。這顯示了波粒二象性的概念化有多麼困難，不過我們還有一個數學的形式敘述，可以用邏輯連貫的方式來理解它，所以我們可以對這個理論充滿信心，特別是因為它已經取得一些非凡的成功。

理論的

Les succès de la
théorie

量子理論在一九二〇年代和一九三〇年代初由薛丁格、海森堡繼而是狄拉克發展起來時，是一種邏輯連貫的數學形式，它讓此前難以理解的物質特性的解釋成爲可能。譬如，古典物理學無法解釋物質的穩定性。事實上，我們從十九世紀末就知道物質是由正、負電荷構成的，我們也知道正、負電荷會相互吸引。那麼物質爲什麼不會自行崩毀？古典物理學沒有任何解釋。如果沒有量子物理學和波粒二象性，我們就無法理解爲何繞著原子核旋轉的電子不會像在軌道上繞行地球的衛星最終墜入大氣層那樣，最終也以類似的方式撞擊原子核。

　　量子物理學和波粒二象性如何幫助我們理解物質的穩定性？如果我們想像要讓電子越來

越接近原子核，也就是說，要將電子限制在一個越來越小的空間區域裡，事情就相對簡單了。如果我們記得電子是一種波，我們就必須將它視爲一個頻率越來越高的波。

如果我們縮短吉他弦的長度，音調就會變高。物質波也是如此。如果我們試圖將電子限制在一個越來越小的區域裡，電子的波函數的頻率就會越來越高，而且基於普朗克和愛因斯坦的公式，能量也會越來越大。爲了讓電子最終落在原子核上，就必須給它越來越大的能量，而這是系統裡沒有的。正是這種無法傳遞所需能量的現象讓我們明白，存在著一個極限，如果低於這個極限，電子就無法更靠近原子核，這就解釋了物質的穩定性。

如果要進一步確認我們剛剛概述的推論，只要想想歐洲核子研究組織（CERN）的那種大型加速器就可以了。為什麼要加速粒子？為什麼要給粒子越來越大的能量？正是為了能夠在越來越小的尺度上探測物質。當我們想要達到越來越小的尺度時，就會需要可觀的能量。在歐洲核子研究組織，物理學家們知道這樣的能量從何而來，他們使用強大的電力將能量傳遞給這些電子，然後讓這些電子去探測物質。但是在物質之中，這樣的能量來源並不存在，所以電子沒辦法太靠近原子核。

　　因此，以含括波粒二象性的數學描述為基礎的量子理論，可以讓人理解物質的穩定性、化學鍵、物體的電學和熱學性質、電流如何傳

導、爲何絕緣體不傳導電流……等等。量子
理論讓我們可以從細節去描述、以細緻的方
式去描述物質與輻射之間的能量交換（亦
即光的發射或吸收方式）。繼而，量子理論
讓我們可以理解更奇特的現象，像超導現
象（supraconductivité）或是氦的超流體現
象（superfluidité）（在非常低溫下，氦可以
在沒有任何黏性、沒有任何阻力的情況下流
動）。因此，從最簡單的物質穩定性到最微
妙的現象，量子理論對於理解許多物理現象
非常有效。

　　但還不只如此！正是仰賴這種對於物質
的深刻理解，物理學家們發明了兩種對我們
現代生活至關重要的設備。其一是電晶體和

積體電路，它們誕生於一九四〇年代最偉大的物理學家的大腦中。這些物理學家想要更進一步理解電流如何通過這些奇怪的半導體物質，這讓他們產生了將它們組裝在一起的想法。但是要做到這一點，就需要開發出一種獨特的純化技術，讓製造電晶體成為可能。積體電路是電晶體的自然後代，也是我們的電腦的基礎。另一種設備是雷射，這是個奇特的東西，只有透徹理解物質發射和吸收光的方式的物理學家才有可能發明，而且是在量子的脈絡裡，也就是說，正是波粒二象性所有概念性的困難之處及其所有的豐富性，提供了發明雷射的可能性。

第二次

次

La deuxième révolution
quantique

量子革命

這一切構成了第一次量子革命。但是在一九六○年代，有人發現在波粒二象性之外，還有一個令人驚訝的概念，而且驚訝不足以形容。事實上，愛因斯坦，然後是薛丁格，他們是最早注意到這個概念的科學家。一九三五年，愛因斯坦與他的合作者鮑里斯·波多爾斯基（Boris Podolsky）和納森·羅森（Nathan Rosen）寫了一篇著名的文章，他在文中解釋，量子力學的形式讓人可以想像一對粒子處在一個奇怪的狀態，一種糾纏狀態（「糾纏」一詞是薛丁格發明的，他在同一時期也在思考同樣的問題）。

奇怪的是，即使這兩個粒子相距甚遠，它們之間卻存在異常強大的關聯性（corrélations）。

有一些物理量，例如光子的偏振，在一個方向上對其進行測量，會有兩種可能的結果，每一種結果都有相同的發生機率。因此，對於兩個糾纏粒子中的每一個來說，結果似乎是隨機的。但是我們如果比較同一對的兩個粒子的測量結果，會發現在偏振的測量方向相同的情況下，結果是相同的。我們會說它們是完全相關的。這就好像兩個丟硬幣的人在同一瞬間得到相同的結果，而兩個人都覺得自己的結果是隨機的。

面對這個預測，愛因斯坦得出的結論是，他說過量子力學的形式還有待完成，這個說法是對的。根據他的說法，如果過去相互作用但現在分離的兩個物體呈現出完美

的關聯性，那很簡單，是因爲它們在分離之前具有一系列共同的屬性，而這些屬性後來依然存在。同卵雙胞胎就是這種情況，他們分享相同的染色體。想像一下，他們在法國出生，因爲厄運，他們身上有一種基因決定了一種直到三十歲才會發作的遺傳性疾病。兩人會同時啟動這種疾病，即使一個人在澳洲，一個人在美國。

所以愛因斯坦認爲，爲了理解這種非常強大的關聯性，我們不得不承認粒子擁有量子形式沒有考慮到的一些附加屬性，而這些屬性決定了我們會獲得兩個相同機率的其中一個結果。因此，這需要補足現有量子理論的形式，因爲這並不是對事物的最終描述。

玻爾立即反駁說這是不可能的。他提出的一些論點，說服了一些受到玻爾當之無愧的名望影響的物理學家。但是如果有人花時間細究玻爾的文章——我確實這麼做了——就會發現他的回應遠不如他先前的反駁那麼令人信服。然而，在一九三五年——我們還是停留在這裡，因為整個年輕世代的物理學家在量子物理學的應用方面取得巨大的成功——由於量子物理學可以解釋化學鍵、固體的特性，對於量子物理學基礎的討論、解釋、深刻的理解被它巨大的成功所激起的驚奇所取代。而且，玻爾的認識論成了主導的理論，因為大多數物理學家的養成教育或多或少都和玻爾在哥本哈根的圈子有關，而之後教授量子物理學的正是這些物理學家。因

此，人們普遍認為，玻爾基於互補性概念對愛因斯坦的反駁是徹徹底底令人滿意的，大家已經沒有時間可以浪費在這些問題上了。這樣的情況很容易想像，在那個年代，發現一個可以說明迄今無法理解的一些現象的解釋，或是發明一些新的儀器，都是讓人非常興奮的。

　　所以我們停留在這裡，直到一九六四年，約翰・斯圖爾特・貝爾（John Stewart Bell）重新思考了量子力學的基礎。他是歐洲核子研究組織的理論物理學家，他的日常研究工作是試圖理解基本粒子的性質。他和所有人一樣使用量子力學的理論形式，但他對量子力學的基礎概念感到非常不自在。

他非常仔細地讀了愛因斯坦、波多爾斯基和羅森的文章，從中發現了一些新的東西：如果認真對待愛因斯坦的主張，也就是說，每個糾纏粒子都帶有一組屬性（量子力學的理論形式對此隻字不提），而這些屬性將決定測量結果，那麼我們可以透過一個極其簡單的數學推理證明，如此預測的關聯性不可能超過一定的水準，這當中會有一個最大值的限制，這個最大值可以用我們今天所說的「貝爾不等式」來確定。

相對的，如果採取量子力學的形式去描述愛因斯坦－波多爾斯基－羅森的思想實驗中的糾纏粒子，貝爾發現有時他所預測的關聯性會強過這個最大值的限制。這時，在愛

因斯坦和玻爾的立場之間做選擇就不再只是單純的認識論的問題了。如果我們有能力進行測量，看看誰對誰錯，我們不會得到相同的結果。第一種情況會符合貝爾不等式的最大值限制，第二種情況會超出貝爾不等式的最大值限制。實驗會把事情說清楚。

這種情況在思想史上沒有先例：一場哲學爭論可以透過物理實驗來解決。

糾纏

Les expériences de
mesure d'intrication

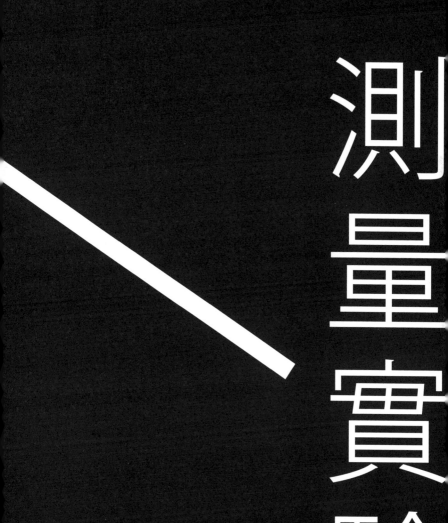

測量實驗

貝爾的這篇文章首度證明，在採取二選一的立場之後，我們會得出不同的可測量結果。這篇文章最初根本沒引起任何注意，因爲人們依然沉浸在量子力學的研究結果帶來的這種普遍的驚奇感受裡。人們運用量子力學，並沒有太多關於玻爾和愛因斯坦之間基本爭論的回顧，而在此期間，兩位物理學家也相繼去世，他們的爭論有點像前一個時代的事了。但這也有一點是貝爾本人的錯，他的文章發表在一本短命的期刊，只出了四期，世界各地只有少數幾家圖書館可以找到原版的期刊。如今，人們以複印本的形式傳閱這篇文章，網路上也找得到，可是在一九六四年，幾乎沒有人看得到這篇文章。得等上幾年，才有物理學家意識到這個研究結果的重要性，並且自問：我們是不是眞的

可以進行如此推導出來的實驗？因為貝爾的推導是理論性的，而在理論和實驗之間總是隔著很大的一步。

這時出現了四位物理學家：約翰‧克勞澤（John Clauser）、麥可‧霍恩（Michael Horne）、阿布納‧希莫尼（Abner Shimony）和理查‧霍爾特（Richard Holt），他們在一九六九年展示了如何進行貝爾提出的思想實驗。如果原子內的某種原子能階受到激發，原子應該會以類似貝爾設想的狀態發射出兩個糾纏的光子（而貝爾是本著愛因斯坦、波多爾斯基和羅森的推論的精神去設想的）。如果對這兩個光子進行偏振測量，應該可以檢測到偏振關聯性而且可以知道這些關聯性

是否超過貝爾的極限。

　　傳統上，偏振是光波的電場在垂直於傳播方向的平面中振動的方向，所以可以在這個平面上取任何一個方向。測量偏振會使用起偏器（polariseur），起偏器上有一個軸，沿著這個軸偏振的光會透射，而垂直這個軸偏振的光會反射。如果光沿著任意方向偏振，一部分會透射，一部分會反射。

　　單一光子不能被切成兩半，但是會沿著其中一個軸出去。所以我們進行的測量只會得出兩種可能的結果，我們會稱之為 +1 或 −1。當我們研究一對糾纏光子時，我們對第一個光子進行測量，也對第二個光子進行測量。測量的

結果取決於兩個起偏器的方向。所以，我們
會確定關聯性如何隨著兩個起偏器的相對方
向而變化。這組測量值將接受貝爾不等式檢
驗，要嘛會超過極限，要嘛不會。

這些都是非常精細的實驗。最初的幾場
實驗是在一九七二至一九七三年間進行的。
事實上，這些實驗遠不如前面所描述的那麼
簡單、那麼明確。譬如，當年的起偏器只給
出兩種可能結果當中的一種。符合垂直偏振
的結果並不存在，光子是被吸收而不是反射。
我們必須進行相當深入的數據分析才能說，
之所以沒有觀測到光子，有可能是因為它進
入了其他的通道。

然而，物理學家做了兩場實驗，一個在美國東岸的哈佛大學，另一個在西岸的柏克萊大學，結果卻互相矛盾。在哈佛，實驗結果並沒有違反貝爾不等式，也就是說，結果與量子力學預測不符。另一方面，在柏克萊，克勞瑟發現實驗結果與量子物理學一致，也就是說，違反了貝爾不等式。克勞瑟重做了哈佛的實驗，後來德克薩斯農工大學的埃德‧弗萊（Ed Fry）也以改變條件的方式重做了這項實驗。大家很快就達成共識，認為柏克萊的實驗比哈佛的實驗更有說服力，但還是跟理想的實驗相距甚遠。

　　我在一九七〇年代中期決定投入這類型的實驗，當時最初的實驗已經完成了。當我讀到貝爾的論文時，他清晰的推論令我極為興奮，

其中有一點讓我印象深刻：爲了使測試眞正令人信服，必須讓實驗的兩端（也就是我們用兩個起偏器所做的兩次測量）無法交換訊號。否則，我們可以想像，一種未知的、尚未被發現的相互作用可以讓兩端在某種程度上同步它們的實驗結果。在這樣的情況下，愛因斯坦的觀點再次與量子關聯性相容。

因此，我們必須阻止實驗的兩端藉由某種未知的互動進行溝通。爲此，有個絕對的武器，就是相對論，它告訴我們沒有任何訊號可以比光傳播得更快。所以，如果我可以在兩端同時進行測量，而且測量時間的精確度優於光從一端傳播到另一端所需的時間，那麼我就可以確定沒有訊號能夠從一邊傳播

到另一邊，這種關聯性也就無法以「愛因斯坦的方式」來解釋了。

一九八〇年代初，我在奧塞光學研究所的兩名年輕學生菲利普・葛宏吉耶與尚・達里巴（Jean Dalibard）的協助下進行了這項實驗。他們兩位現在已經成為非常傑出的物理學家了。我們進行了一些時間間隔極短的偏振測量，精確度是十億分之幾秒的等級。光傳播十二公尺需要一億分之四秒。所以實驗的兩端無法互相溝通。

我們觀察到違反貝爾不等式的結果，這意謂著一方面我們觀察到了關聯性，另一方面，這樣的違反不能以粒子本身攜帶著決定這個結

果的一些特性來解釋。這個結果比波粒二象性更令人驚訝——這兩個在測量時相距十二公尺的粒子之間似乎存在瞬時交換。大約十五年後，瑞士的尼古拉斯・吉辛（Nicolas Gisin）和奧地利的安東・塞林格（Anton Zeilinger）重做了這個實驗，他們在光纖中以相反方向發送兩個光子，這使得測量距離可以達到千米甚至更遠。於是他們證實，不論粒子距離多遠，它們都表現得像是一個不可分割、無法分離的整體，它們是如此的無法分離，以至於它們之間的聯結似乎挑戰了相對論。這就是我們所說的「量子非局域性」（non localité quantique）。儘管相距甚遠，但它們仍然擁有一些不是局域的（local）、而是全域的（global）特性。

這種糾纏的特性，物理學家很早就注意到了，譬如在試圖描述氦原子的時候，圍繞氦原子核旋轉的兩個電子處於糾纏狀態。但這是在微觀的尺度，在幾奈米等級的距離，會發生很多奇怪的事。

今天，我們知道這些奇怪的特性在距離數十公里的時候依然存在。重讀愛因斯坦關於這個主題的文章，我們會看到，他對這樣的實驗結果會感到非常驚訝，這有時會讓人認為，這樣的結果證明愛因斯坦是錯的。我其實更願意強調此一事實：愛因斯坦是理解糾纏的奇特性質的第一人。所以，在某種程度上，我們可以將這個新的斷裂的起源歸於愛因斯坦。因為這個新的斷裂，一些像理查・費曼（Richard

Feynman）這樣富有想像力的物理學家們心想：「既然這麼奇怪，既然這麼有革命性，難道我們不能從中得出什麼有用的東西？」於是我們見證了我們今天稱為量子資訊的這門學科的發展。這是一門正在噴發的學科。

操縦

Manipulation d'objets
quantiques

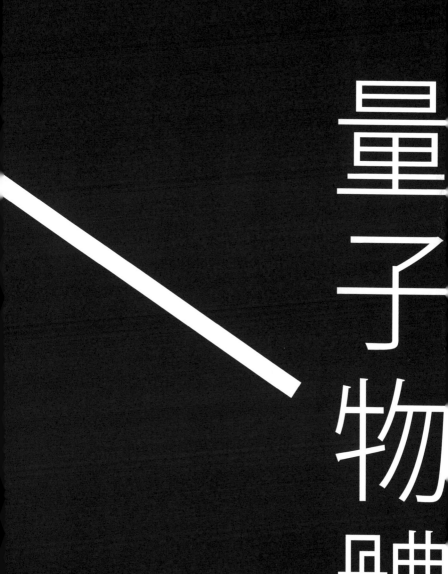

量子物體

在進入量子資訊之前，我們必須先描述第二次量子革命的第二個要素，它和糾纏一樣重要。從一九六○年代開始，物理學家已經成功地觀察、控制、隔離和操縱個別的微觀物體。在此之前，微觀物體的資訊只能透過測量整體來獲取。例如，用光照射蒸氣的原子，藉由分析再發射出來的光，可以推斷這個光電管理數幾百萬兆個原子的特性。所以這是推斷出來的整體特性，或者更確切地說，這是一個非常大的群體的統計特性，也就是機率。

　　在這種類型的實驗裡，量子物理學的機率性統計預測並不是太令人困擾。由於我們只能以統計的方式，透過大的群體來觀察微觀物體，所以以自然的方式去描述微觀物體的理論會是

一種統計理論，這或許是正常的。有些非常傑出的物理學家（像薛丁格）認爲我們可能永遠無法觀察單一的電子或原子。薛丁格寫道，如果有人聲稱正在隔壁的實驗室觀察一個孤立的電子，這對他來說就像是一位動物學家同事說隔壁的動物園裡有一隻活恐龍。然而，從一九六〇年代開始，實驗技術的進步（特別是在電子方面）帶來實驗物理學的進步，使得觀察個別粒子成爲可能。我們可以引用漢斯・德默爾特（Hans Dehmelt）的例子，他成功捕獲一個單一電子，爲時數週，並且對這個電子進行了測量。這確實很令人驚訝。一九七〇年代末，有人成功捕獲離子。離子和電子一樣，也是帶電粒子。透過結合電場和磁場，離子被限制在一個很小的空間

區域裡。捕獲離子甚至比捕獲電子更特別，因為如果我們捕獲單一離子，並向它發送雷射光束，會有大量的螢光光子被發射出來，數量介於每秒一千萬到一億個，幾乎可以用肉眼看到。我還記得當年作為一名年輕的學生，第一次看到單一離子照片時的激動心情。在此之前，人們談論的是非常大的群體，是原子蒸氣，然後就這麼一下，我們有了單一的離子。

接著我們學會觀察單一光子。這時我們又回到了只能在同一對的兩個粒子之間觀察到的糾纏問題。在一整組混雜的「糾纏對」當中，當我們對兩個粒子進行聯合測量時，我們幾乎沒有機會遇到屬於同一對的兩個孿生粒子。一九七二－一九八二年「糾纏光子對」的實驗

之所以成功，這和我們知道如何產生彼此分離良好的光子對有關：有了第一對，就進行測量；有了第二對，就進行測量；有了第三對，就進行測量；依序進行。

　　理解了糾纏現象遠遠超出波粒二象性，加上操縱單一量子物體的可能性，這兩項要素的同時出現會讓深刻的思考發生，從而導向量子資訊的發展。

量子

Information
quantique

資
訊

量子資訊是基於這樣的想法：如果我們有一些新的物理定律，就應該會有一些傳輸和處理資訊的新方法。在古典的資訊理論中，所有系統（電腦、傳輸通道等）的原理都相去不遠，它們的速度或快或慢，容量或大或小，但是，除了尺度的因素之外，都是基於相同的物理定律。所以，終極的限制是由這些相同的定律造成的。如果處理一個已知問題（例如一個數字的因數分解），計算的時間會隨數字大小呈指數成長，那麼無論電腦的運算能力如何，這個規模變化的定律都會成立。

　　如果我們現在讓其他的行為起作用（譬如像糾纏這麼奇特的行為），某些限制就會消失。譬如某些計算，如果我們擁有一台量子電腦，

可以糾纏大量的量子位元，這些所謂的困難計算或複雜計算就可以大幅加速。

　　什麼是困難問題？對於在這個領域做研究的電腦科學家或數學家來說，困難問題就是計算時間隨問題大小呈指數成長的問題。例如，網路上的安全系統使用一種叫做 RSA 的加密演算法，這種編碼技術的基礎是將數字分解為質因數（質數是只能被 1 和自身整除的自然數）。例如，將數字 15 分解為 3 乘以 5 的乘積，兩者都是質數，這就是質因數分解。對一個大數字進行因數分解需要相當長的時間，因為必須要試過所有小於這個數字的平方根的質數。

這種計算的難度就是安全性的基礎。幾年前，網路上用的是六十四位元的編碼。但是，今天有了演算能力更強的電腦，只要連上網路，透過大量的努力，就可以破解密碼。於是我們將位元數加倍，達到一二八位元，這樣就可以安心十年了。到了二五六位元，我們又安心了十年，依此類推。不少理論物理學家、應用數學家或資訊理論專家發現，如果可以使用量子電腦，某些困難問題（像剛才提到的問題）就會變得比較容易。例如，這麼一來，秀爾（Shor）演算法在分解數字時，所需時間就不會再隨數字大小呈指數成長，而是以比較合理的方式呈多項式成長。

　　要實際進行秀爾演算法，就得要有一台量

子電腦。這是什麼意思？意思是一些量子位元（qubit），它們彼此糾纏。如果要給這件事一個粗略的概念，首先要問的就是：什麼是普通位元。普通位元是一個記憶體，它的數值可以是 1 或 0，但它要嘛是 1，要嘛是 0，就像光子可以抵達的地方要嘛是分光鏡的這一邊，要嘛就是另一邊。可是在量子世界裡，這個數值可以是 1 或 0，也可以同時是 1 和 0，就像光子同時在分光鏡的兩邊傳播。所以，量子位元是可以置於 1 或 0 疊加狀態的位元。如果我們現在拿兩個量子位元，讓它們彼此糾纏，我們就可以得到大量的狀態，因為我們會有 0-0、0-1、1-0 和 1-1，以及這四種可能性的所有組合。如果我們拿三個量子位元讓他們彼此糾纏，我們就有八種基本的可能

性（0-0-0、0-0-1……等）以及所有這些可能性
的組合。如果我們讓十個量子位元互相糾纏，
我們會得到一千種可能性。用二十個量子位元，
就有一百萬種可能性……

　　試想，我們拿了二十個量子位元，然後在
這二十個互相糾纏的量子位元上進行基礎運算。
這個基礎運算將同時作用於這個糾纏系統的
一百萬個基礎組成狀態。這是量子電腦的基本
概念，原則上量子電腦會提供大規模的平行性
（parallélisme），也就是說，在單一運算中，量
子電腦可以平行執行一百萬、十億或一千兆個
運算。這讓我們可以越過複雜計算的指數級障
礙。

　　基於種種原因，我們距離量子電腦的有效實現還很遠。首先，就算我們有了量子電腦，我們也還沒有系統化的演算法，也就是說，我們還不知道如何解決問題。只有極少數的例子我們可以這麼做：因數分解，我們有秀爾演算法；巨量資料的排序，我們有格羅弗（Grover）演算法，還有一些其他的演算法。但是沒有一種演算法可以作為所有問題的解決方案。

　　第二個困難（應該也是更重大的困難）就是沒有人知道要怎麼做，才能讓一千個或一百萬個量子位元彼此糾纏。目前的世界紀錄是少於二十個糾纏量子位元。在一九八〇年，物理學家讓兩個光子彼此糾纏。大家花

了幾十年的時間，才在世界上最好的實驗室裡，用極其複雜的方法，用非常特殊的防護措施，才讓不到二十個量子位元彼此糾纏。而要擁有一台有效的量子電腦，必須讓幾十萬個（或許還要更多）量子位元彼此糾纏，因為使用量子錯誤校正碼需要有輔助的量子位元。

　　沒有人知道是不是有一天我們可以做到這件事。這是一個根本的問題，因為就算今天有人認為古典世界和量子世界之間存在界限，也沒有任何東西告訴我們這個界限真的存在，或是這個界限在哪裡。在我們試著讓越來越多的粒子彼此糾纏的過程裡，我們或許會發現一個無法跨越的界限：這時我們就會確認出古典物理世界和量子物理世界之間的界限。這會是一

個了不起的實驗結果。

在等待基於大量糾纏量子位元假設的通用量子電腦之際，我們看到了量子模擬器的研究極爲蓬勃的發展。這個基本想法可以追溯到一九八二年費曼發表的開創性論文，他在論文中解釋：沒有任何古典電腦能夠描述大量的糾纏電子。於是他提議研究這樣一個系統，以更容易觀察的物體取代電子。這就是某些實驗室的做法，物理學家們用超冷原子（他們知道如何完美控制這些原子的運動）來模擬固體中的電子行爲。例如，在我的實驗室，我們把這些超冷原子置於無序的光位勢（potentiel lumineux）中，來模擬非晶質材料的行爲，特別是著名的安德森局域化

（localisation d'Anderson）。相反的，也有些實驗室則以複雜的週期性光位勢來模擬晶質固體，並嘗試了解某些超導材料。

　　二〇一〇年代末，科學家又有個驚人的發現，和這些以不完美糾纏量子位元為基礎的模擬器（NISQ：Noisy Intermediate Scale Quantum simulators，雜訊中等規模量子模擬器）有關：似乎可以用這些模擬器來解決困難問題的最佳化，也就是說，這些問題所需的古典計算時間隨著問題大小呈指數成長。有了量子模擬器，獲益會是指數級的，實質影響相當可觀，而這似乎是可以實現的。例如，讓我們思考以一個國家或一個大陸的規模來分配電力的問題，這是困難問題的典型例子。電網的最佳化必須即

時完成，越快越好，尤其是像風力發電之類
的那些新的間歇性能源。

量子

Cryptographie
quantique

密
碼

最後，讓我們來談一個簡單一點的應用，它已經成為量子資訊的一大成功，那就是量子密碼。它有效，而且效果非常好，好到量子密碼系統已經商業化了。

什麼是量子密碼？前文提到，網路的安全性要靠某種密碼系統對資訊進行編碼加密，這個系統要讓試圖將訊息解碼的人束手無策，因為他們可以用的電腦能力有限。試想，如果對手擁有比我們快一千倍的電腦，他們就可以破解我們的密碼。例如，在二次世界大戰期間就發生了這樣的事：德國海軍使用的某些密碼被破解了，靠的是在美國麻省理工學院運轉的那些最早期的電腦。

如果一個試圖解碼我們訊息的人在計算方面比我們先進得多，他或她就可以破解密碼。也有可能是這個人擁有一個我們不知道的數學定理，這讓他可以去分解大數字。從來沒有人證明這樣的定理不存在，我們也無法排除它的存在。所以，傳統密碼是基於這樣的一個假設：我們對手的數學和技術水準和我們相當。

量子密碼的本質不同。在這裡，安全性是基於量子物理的定律。無論試圖破解我們密碼的人的技術水準如何，可以限制他們竊取我們訊息的是量子的特性，而不是他們的技術限制。為什麼？因為，如果間諜試圖讀取我們使用的一個光子上的一個資訊，他一

定得去擾亂這個光子，而且是用一種我們可以發現的方式來擾亂它。所以，我們會在傳送任何祕密資料之前立刻停止發送這個光子。

這當中的基本想法是，在量子物理中，我們無法測量物體、獲取資訊而不留下痕跡。如果我們有工具可以觀察是否有痕跡，我們就會知道線路上有沒有間諜，或是我們能不能安全地傳輸訊息。

一九八〇－九〇年代提出的兩種量子密碼方法都是基於第二次量子革命的那些基本要素。查爾斯・貝內特（Charles Bennett）和吉勒・布哈薩（Gilles Brassard）的方法是利用控制和觀察個別光子的可能性。艾克之（Artur Ekert）

的方法是利用糾纏光子對。在第二種方法裡，如果觀察到違反貝爾不等式的情況，就可以確定線路上沒有間諜。最近，這些想法已延伸到其他類型的光量子態，稱為連續可變的量子態。

　　所以，這種應用顯然引起了世界各國軍方的興趣。不過除此之外，我們也可以思考機密資訊外洩對社會的影響。今天，大部分在網路上流傳的加密編碼資訊很可能都是被監聽通訊的「大耳朵」到處記錄的。今天，由於 RSA 加密演算法，「大耳朵」無法解碼訊息，但還是會把訊息記錄下來。很可能在十年後，有了更強大的電腦，「大耳朵」就可以解碼。屆時就會再發生一次新的大規模

維基解密事件，也就是說，可能讓國際關係變得不穩定的訊息（例如外交訊息）將會被公開。為了防止這種情況發生，量子密碼是一種看似可靠的解決方案。

結

Conclusion

量子物理學非常奇特，我們經過一個世紀的努力，都還沒看到任何現象顯示它似乎達到了它的極限。

　　在物理學裡，所有先前的理論都有一天會到達極限。這並不意謂這些理論消失了。一般來說，一個更普遍的理論會包含前一個理論，並且在一些極端情況下補全前一個理論的不足，但是前一個理論在廣泛的參數範圍內依然有效。例如，牛頓力學無法正確地處理接近光速的運動，於是我們必須要用相對論，而相對論也包含牛頓力學（在較低速度時，牛頓力學是相對論的極佳近似）。

　　今天，我們不知道量子物理學可能達到的

極限在哪裡。完全不尋常的是，我們清清楚楚知道如何以數學形式把它寫出來，但我們在這些概念上還是有許多困惑。這些糾纏的粒子，儘管彼此相距很遠，但似乎形成了一個整體。這些糾纏的粒子是一些系統，每個物理學家都透過發展自己的圖像來盡最大努力處理這些系統，但還是讓許多人不滿意。令人驚訝的是，用數學描述這些系統的方式，每個人都同意；但是要給這個形式描述一些圖像，共識就少得多了。

時至今日，量子物理學已經在所有為了發掘它弱點而發動的戰鬥中取得勝利，它從所有想要說它犯錯的嘗試之中全身而退。相反的，它甚至為長期的技術發展提供了一再

令人驚異的可能性。容我再說一次，沒有量子物理學，我們就不會有今天的資訊社會。如果有一天以第二次量子革命為基礎的量子資訊實現了它所允諾的未來，誰知道我們的社會將經歷什麼樣的劇變？但我們能讓大量的量子位元糾纏嗎？這是物理學還沒有定論的一章。

愛因斯坦與量子革命 / 阿蘭 . 阿斯佩 (Alain Aspect) 作；尉遲秀翻譯 . -- 一版 . -- 臺
北市 : 時報文化出版企業股份有限公司 , 2024.09
　　　面 ;　　　公分 . -- (Next ; 325)
譯自 : Einstein et les révolutions quantiques
ISBN 978-626-396-691-8(平裝)

1.CST: 愛因斯坦 (Einstein, Albert, 1879-1955) 2.CST: 量子力學 3.CST: 物理學

331.3　　　　　　　　　　　　　　　　　　　　　　　　　　113012332

ISBN 978-626-396-691-8
Printed in Taiwan

Next 325
愛因斯坦與量子革命
Einstein et les révolutions quantiques

作者　阿蘭・阿斯佩（Alain Aspect）｜譯者　尉遲秀｜審訂　張慶瑞｜校訂　王
孟謙｜主編　謝翠鈺｜企劃　鄭家謙｜封面設計　朱疋｜美術編輯　SHRTING
WU｜董事長　趙政岷｜出版者　時報文化出版企業股份有限公司　108019 台
北市和平西路三段 240 號 7 樓　發行專線—(02)2306-6842　讀者服務專線—0800-
231-705・(02)2304-7103　讀者服務傳真—(02)2304-6858　郵撥—19344724 時報文
化出版公司　信箱—10899 台北華江橋郵局第九九信箱　時報悅讀網—http://www.
readingtimes.com.tw｜法律顧問　理律法律事務所　陳長文律師、李念祖律師｜印
刷　勁達印刷有限公司｜一版一刷　2024 年 9 月 27 日｜定價　新台幣 280 元｜缺
頁或破損的書，請寄回更換